SOTHIS PRESS

Sothis Press aims to completely reimagine the public domain book with an emphasis on universal access to captivatingly designed print editions. We believe that technology will enable every single book ever published to be perpetually accessible in beautiful print form. Sothis is beauty in ubiquity.

Printed and bound by CPI Group (UK) Ltd, Croydon, CR0 4YY

www.sothis.press
1 Waterhouse Square, London, ECIN 2ST

Romania

Orazione Inaugurale dell'Anno Accademico
1908-909 Letta nell'Aula Magna della R. Università
di Padova IL 9 Novembre 1908

Vincenzo Crescini

SOTHIS PRESS

ISBN 978-1-0365-2572-9

Romania is in the public domain.

This edition is published by
Sothis Press The company
is registered in England and Wales.
The Company Number is 14900389.

VINCENZO CRESCINI

ROMÁNIA

ORAZIONE INAUGURALE

dell'anno accademico 1908-909

LETTA NELL'AULA MAGNA DELLA R. UNIVERSITÀ DI PADOVA

il 9 novembre 1908

PADOVA
TIPOGRAFIA GIOV. BATT. RANDI
1908

Vecchie storie. E che altro sappiam noi, frugatori del passato? Ma incomincio da una storia d'amore.

Quel pugno di ceneri, che forse ancora avanza di Galla Placidia, nel sarcofago bianco di Ravenna, sotto gli archi del mausoleo, sì pieno sempre d'imperiale splendore, di femminea dolcezza, di cristiano mistero, fu parte d'una beltà meravigliosa, che sfolgorò, ammaliò, spiccando altera entro all'ultima luce, solenne e malinconica, di Roma prossima a morire. Dopo che, nel 410, ebbero presa e messa a ruba la città sacra, onde l'impero aveva stese l'ali d'aquila sul mondo, i Visigoti trassero seco verso il mezzogiorno d'Italia, preda più fulgida di tutti gli argenti e di tutte le gemme rapinate, la figlia di Teodosio, la sorella dell'imperatore d'occidente, Galla Placidia, su' vent'anni, giovinetto fiore colorato dal sangue confuso di due dinastie cesaree. Ad Alarico, il saccheggiatore e profanatore di Roma, ottocento anni da che non ne calpestava il terreno barbaro piede; nel qual tempo era dessa fatalmente cresciuta alla signoria dell'universo; ad Alarico, spentosi poco dopo la facile vittoria conseguita dalla gotica rabbia, successe Ataulfo. Ebbene: quella rabbia si mitigò, tacque, sotto lo sguardo di Galla Placidia. Ella sola, donna, inerme, vinse tutte quell'armi;

soggiogò, sorridendo, i trionfatori di Roma e dell'impero: attrasse il re, che pace non parve avere se non quel giorno del gennaio 414, in cui, a Narbona, nelle nuove stanze galliche de' Goti, la fece sua sposa.

Che giorno fu quello! Nell'ospitale casa d'un romano, secondo le romane usanze si svolsero le nozze stupende. Regio abito indossava Placidia, e presso a lei sedeva il re barbaro, in vesti romane. Ecco : cinquanta leggiadri garzoni, d'ordine di lui, si presentano innanzi alla sposa recando ciascuno, su grandissimi deschi, larga copia d'oro e di pietre preziose, anzi inapprezzabili, derivanti a' Goti poverissimi dal saccheggio di Roma. E dopo i doni salgono alla sposa, da cantori greci e romani, le note dell'epitalamio. Squillava in quell'inno di nozze l'inno della vittoria: sì, Placidia aveva vinto: i barbari erano a' suoi piedi: rendevano ciò che avevano strappato a Roma, per diritto di conquista. E che altro restava a Roma, poichè dalle molli braccia l'armi eran cadute? La vittoria di Placidia assume, agli occhi dello storico, aspetto e valore quasi di simbolo: pare che dalla bellezza di lei raggi lo splendore della civiltà greco-romana, per se stessa vincitrice; alla quale i barbari veramente finirono col piegare le ginocchia superbe, affascinati, conquisi.

Non sempre Ataulfo aveva così amata Roma: soleva confessare egli stesso, che dapprima ben altri disegni avevano fatto palpitare il cuor suo. Fino il nome romano distruggere ; tutto il dominio di Roma trarre in balía de' Goti; sostituire all'impero romano l'impero gotico; far Gozia ciò ch'era Romania; essere di codesta Gozia egli, Ataulfo, il Cesare Augusto: questo il suo sogno, nell'ardore barbarico della gioventù; ma poi molta esperienza gli aveva insegnato, che i Goti non sapevano obbedire alle leggi, per la sfrenata barbarie: ora, qual repubblica sarebbe durata senza leggi? Meglio dunque volger l'animo ad un'altra gloria: con le forze de' Goti ripristinare ed accrescere la potenza di Roma; e presso i posteri ottener fama di restitutore dell'impero, se di rimutatore non aveva potuto. Ma le suggestive malie di Placidia gran parte avevano in questo entusiasmo verso Roma, come ci fa intendere anche Paolo Orosio: e poichè il sogno nuovo fu tronco ad Ataulfo dal ferro de' suoi Goti, che l'uccisero forse per codesta dedizione all'imperial donna ed all'impero, cadde egli vittima, verisimilmente, de' suoi romani amori.

* * *

« Románia »: il gran nome è comparso nelle confidenze raccolte dalla bocca d'Ataulfo, secondo l'attestazione di Paolo Orosio; il quale, nel citare così fatte formazioni, « Gothia », « Romania », soggiunge « ut vulgariter loquar ». Correva dunque l'uso, nel latino volgare, di dire Romania l'impero romano. È questa del passo relativo ad Ataulfo ed a Placidia, nelle storie d'Orosio, la testimonianza forse più antica, almeno per entro all'occidente latino, della origine popolare e della fortuna gloriosa della bella, sonante, significativa parola. La quale, ne' territorî dell'impero romano d'oriente, aveva accolto già l'accento greco, onde Romania e Ῥωμανία riscontravansi, da bocche latine e da bocche greche, per tutta la distesa immensa del monarcato imperiale, designando sempre la stessa cosa: ciò che, al disopra della folla e fuori dal linguaggio comune, più letterariamente sonava « imperium romanum » « orbis romanus ». A « Romania » si contrappone « Barbaries », non pure nel senso geografico e politico; sì anche (per esempio, in un famoso distico di Venanzio Fortunato) nel senso ideale e linguistico. Appunto codesta antitesi rispecchia in sè tanta parte della storia di Roma. O che altro rappresenta, fino a un certo segno, la conquista romana, se non la difesa e la propagazione della civiltà greco-italica, minacciata da' barbari dell'occidente e del settentrione d' Europa?

Contro la razza celtica, già vastamente diffusa dal Mar Nero all'estrema Irlanda, scesa a inondare l'Italia stessa, a stanziarsi nella valle del Po, a stremare l'Etruria, a distrugger quasi Roma, agli esordî delle sue fortune, dovette la fatale città lungamente combattere; ma fu premio della sua disciplinata pertinacia la finale vittoria; e basti, a tacer d'altro, ricordare la romanità estesa alla valle del Po, l'Italia promossa fino alle Alpi, dove Roma proclamò a' barbari essere ormai l'Alpe insuperabile confine: romana opera fu infatti l'Italia nell'integrità geografica e politica, da' tre mari alle Alpi, in cui noi la conosciamo e la amiamo; basti ricordare ancora la romanità diffusa a tutta la Gallia transalpina, per modo che sia la Francia rimasta, attraverso i secoli, così invincibilmente romana. Ma come la signoria di Roma fu giunta al Reno e al Danubio, ecco a lei di contro sorgere le stirpi germaniche, la seconda barbarie, che avrebbe finito col cedere ancor essa alle armi ed alle civili influenze dell'impero, della Romania; se non l'avesse afforzata, agitata, sospinta, il sopraggiungere di sempre nuove genti, trasmigranti dal settentrione o dall'oriente, da plaghe squallide, verso il sole e la ricchezza, verso la Romania. Questa finalmente giacque esausta; e la barbarie germanica dilagò da' confini entro all'impero. Non tutta però la Romania cessò le difese: mill'anni ancora, dalla nuova Roma, da Costantinopoli, resse la Romania d'oriente contro i barbari di là, germani sul principio, e poi tartari e slavi; finchè soprarrivò la barbarie islamitica, via via ne' secoli ingagliardita di sempre nuove stirpi, attratte nell'orbita sanguinosa; e la Roma di Costantino, affranta, alla sua volta, si piegò al giogo, e la Romania d'oriente sparve ancor essa.

Sennonchè, nell'occidente la comune fede religiosa, bandita da Roma, che rinnovò ben presto, cattolicamente, il suo dominio, a poco a poco favorì la conciliazione, la fusione degli invasori e degli invasi, de' vincitori e de' vinti, de' barbari e de' romani; la Romania si ricostituì come impero: e rimase, comunque, sempre più o men fermo l'impero della sua civiltà, per mezzo a' tempi anche più ferrei; laddove, nell'oriente la diversa fede religiosa, e tutte l'altre diversità conseguenti, tennero gli uni dagli altri profondamente divisi, pieni d'odio reciproco, vincitori e vinti. Avvenne dentro a' territorî balcanici quant'era accaduto nella penisola iberica: tra cristiani ed islamiti, in Ispagna, non si potè produrre mai conciliazione e fusione: dal 711 al 1492, dallo sbarco di Taric al conquisto di Granata, fu incessante, implacabile il conflitto delle due razze e delle due religioni; finchè gl'infedeli vennero espulsi e ricacciati nell'Africa nativa e si compì l'unità nazionale e cristiana della Spagna. Ma gl'islamiti dell'oriente, i Turchi, non potrebbero essere espulsi e ricacciati nell'Asia nativa se non dalla concordia de' cristiani balcanici e non balcanici: ora, poichè pare, e sempre fu, così fatta concordia un sogno, non rimane, a chi vagheggi la fraternità de' popoli nel raggiante mattino d'una umanità più avventurata, se non l'augurio, che il ringiovanimento de' Turchi sia così pieno e verace, da rendere sincero e fecondo l'accostamento, l'assimilamento de' vincitori a' vinti, per modo che entrino gli eversori della Romania orientale nell'ambito della civiltà nostra, secondo avvenne, tanti secoli or sono, agli eversori della Romania occidentale.

*
* *

Il gran nome, Romania, non si spegne nè in occidente nè in oriente, col rispettivo impero: serba valore generico, nella tradizione, od ha, più spesso, valor locale, indicando questo o quel tratto dell'universa antica Romania, in contrapposto, specialmente, a paesi stranieri. « Romania » fu l'Italia, in confronto alla Germania, quando l'impero si trasferì ne' re tedeschi; « Romania », il ducato di Roma; « Romania » furono quelle parti d'Italia, che, per più secoli, spezzata da' Langobardi la riconquista di Giustiniano, rimasero soggette all'impero romano d'oriente: e *Romagna* è sempre la regione, dove l'impero appunto, nell'esarca di Ravenna, ebbe, gran tempo, la sua suprema rappresentanza.

Così, nell'oriente fattosi turco, il termine latino grecizzato, « Romanía », che seguitò, durante il medioevo, a designare l'impero romano d'oriente, si riflette entro al turco adattamento « Rumelía »; con che s'intende l'ampio territorio, tracico e macedone, da' Balcani all'Egeo ed a Costantinopoli, dalla Serbia e dall'Albania al Mar Nero: ma ciascuno pensa forse, mentr'io rapidamente accenno, anche alla *Romània,* che, a miglior diritto, per la fedele sua romanità, nella coscienza e nel linguaggio, conserva l'antico nome.

Come l'unità dell'impero, si venne infrangendo l'unità dell'accezione primitiva inerente a codesto nome; talchè da una sola Romania originaria due ne uscirono, « Romania » in occidente, « Romanía » in oriente; e le due, dall'una parte e dall'altra, ancor più si ruppero e ridussero; in guisa che non ne restino ora se non così smilzi e frammentarî avanzi.

*
* *

Perseguire storicamente le sorti, formali e ideologiche, d'una parola, non può tornare uggioso e parere vano se non agli spiriti grossi; tanto più se la parola adombri un così gran fatto, quale fu l'impero di Roma.

Non esisterebbe la civiltà presente se Roma non avesse prima diffusa, per le plaghe del mondo, dietro a' passi del legionario vittorioso, con la bellezza della Grecia, la sapienza del suo diritto. E fu un sogno di suprema bellezza e sapienza quello che Roma proseguì, attraverso il turbinio delle incessanti guerre: un sogno d'universa pace, per cui, francati i cuori e i costumi dalla ferità primitiva, posassero gli uomini, perpetuamente concordi, nella fraterna comunità del diritto, della coltura, del linguaggio.

Lo so: manca a Roma e all'Italia il vanto dell'epopea, commovente e solenne, che irradia le origini eroiche di altre stirpi; degli Indiani, per esempio, de' Persiani, de' Greci, de' Germani; ma è la stessa nostra storia un'epopea; non imaginaria, ma effettiva; non cantata, ma operata: superbissima storia, maggiore d'ogni poema; che narra la conquista propagata all'orbe intero, per tutelare la civiltà greco-italica e infonderla nello spirito delle genti; illuminata da un'idea sovrana d'umano progresso verso la quiete e la bontà nel regno universale della giustizia: storia viva sempre ed efficace nella coscienza delle età successive; dilettissima a noi, che a Roma dobbiamo l'essere stesso, e nel nome di lei siamo risorti due volte dall'abisso d'ogni miseria, per lei fatti veramente immortali.

Non rifioriscono forse, nella memoria di chi mi ascolta, gli esametri virgiliani, vaticinanti Cesare Augusto e il suo trionfo su la terra e nel cielo, e il fine d'ogni guerra e la pace del mondo, come epilogo e suggello dell'opera sua? Qualcuno anzi mormora fra sè quegli altri versi ancor più famosi, dove il poeta dell'impero proclama arte propria de' Romani il reggimento de' popoli e l'imporre la pace, pietosi a' vinti, implacabili a' superbi: il qual pensiero s'avviverà nell'estro del Petrarca, allor ch'egli, fuggitivo, l'ultima volta, da Avignone, all'Italia madre affacciandosi bramoso dalle Alpi, la saluterà santissima terra, a' buoni secura, a' malvagi terribile. Ma io ricordo anche un oscuro passo, nella vita, che Flavio Vopisco ritessè di Probo imperatore, uno de' giganti, che le province, non più straniere, fatte romane, dettero all'Italia oramai declinante: austero, prode, infaticato, come un romano de' più virtuosi tempi, formidabile re della vittoria dall'Africa al cuore della Germania, dal Reno all'Eufrate. Ebbene: nell'ombra della sua cupa severità, nella pressura delle continue guerre (la « barbarie » stringeva da ogni parte, feroce, insaziata, la « romania »), quest'uomo sorrideva ad un intimo sogno: la pace. A' soldati usava egli ripetere, che in breve non sarebbero stati più necessarî: già già egli vedeva (interpreta rettamente il biografo) stender le sue vittorie e confermare, sotto le leggi di

Roma e nella giustizia per lei resa, all'orbe tutto la pace: « ubique pax, ubique romanae leges, ubique iudices nostri ».

Che più? La prosa stessa della scienza s'infiamma di poesia, impenna l'ali dell'inno, se baleni, di tra la fredda realtà della storia naturale, il fantasma dell'Italia datrice a' popoli di fraterna pace. Non sa il maggior Plinio contenere la piena dell'entusiastico amore, allorchè gli avviene di toccar dell'Italia; e gli prorompono dall'animo fervente, parole, che vorrei fossero familiari a quanti han cuore italiano, e le mormorassero le labbra giovanili, come preghiera e invocazione, ricordatrice e incitatrice. Ingrato e ignavo pareva a Plinio, che si sarebbe potuto, a buon dritto, stimarlo, se dell'Italia avesse egli parlato così fugacemente, come dell'altre regioni: dell'Italia, alunna a un tempo e madre di tutte le terre, dalla volontà degli dei prescelta a crescer luce al cielo stesso, ad associare gli sparsi imperî, a raddolcire i costumi, a far che tanti popoli di sì discordi e ruvidi linguaggi insieme favellassero, a conferire all'uomo umanità; destinata insomma a divenire unica patria, nell'intero mondo, di tutte le genti.

Chi oserebbe accusare di vana declamazione queste parole? Non furono veramente Roma e l'Italia quali splendono al pensiero e nell'eloquenza di Plinio? Latinamente scultoria eloquenza, che raccoglie in una sintesi fulminea la grandiosa opera di Roma. Sì: Roma fe' miti i costumi, e diè modo agli uomini, divisi per la disformità delle barbare favelle, di scambiarsi, nell'unica, vittoriosa, dominatrice lingua di lei, la parola e il pensiero, d'intendersi e d'amarsi: così ella trasse dall'elemento ancor quasi animalesco de' disgregati uomini l'umanità:

l'umanità nella varia e come ascendente significazione della voce, nell'ordine civile, nella coltura, nella gentilezza degli spiriti e degli atti, nella fratellevole simpatia.

La materna grandezza di Roma su' popoli suoi desta un sentimento tanto più acuto, quanto peggio ne declina la fortuna politica e militare. Languivano le forze e brillava il pensiero: incombeva sul mondo la barbarie, e gli scrittori con sempre più filiale tenerezza inneggiavano alla morente, quasi a consolarne l'agonia, avvolgendola d'una luce ideale. Dice Claudiano: « costei è quella, che sola accolse nel grembo i vinti, e l'uman genere protesse col comun nome di madre, non a guisa di padrona; e cittadini chiamò quelli, ch'ella domò; ed in pio nodo strinse le lontane cose. A' costumi pacifici di costei tutti dobbiamo che l'ospite sia come nella sua patria; che sia dato mutar sede; che sia un giuoco veder Tule e recessi penetrare una volta orrendi; che ci dissetiamo, dove ci aggrada, all'acqua del Rodano od a quella dell'Oronte; che siamo tutti un popolo solo... ». E dice Prudenzio, recando, giusta la concezione cristiana, non agli dei, come Plinio, ma a dio, alla sua volontà preordinatrice e provvidenziale, la meravigliosa unità umana formata da Roma; dice adunque Prudenzio, che dio, a cessare la sanguinosa rabbia degli uomini, fece « che le genti piegassero il capo sotto le stesse leggi, e divenissero tutti romani quelli, cui bagna il Reno e l'Istro; come quelli, cui bagna il Tago dall'auree sabbie, o il grande Ebro; come quelli ancora, per mezzo a' quali scorre il Po; e gli altri, cui nutre il Gange e lavano le sette bocche del tiepido Nilo. Li fe' pari il comun dritto, e li strinse nel medesimo nome, e i vinti in fraterni legami raccolse. Si vive in qualsivoglia parte non altramente che se una patria città chiudesse nell'uniche mura cittadini insieme nati, e tutti ci adunasse avito focolare.... Con mistura di sangue si forma da scambiantisi popoli una sola stirpe ».

E come il cristiano Prudenzio, così un avverso a' cristiani, l'ultimo cantore di Roma, Rutilio Namaziano, nella famosa apostrofe:

> Fecisti patriam diversis gentibus unam:
> profuit invitis, te dominante, capi;
> dumque offers victis proprii consortia juris,
> urbem fecisti quod prius orbis erat.

A' popoli diversi formasti, Roma, una sola patria, e ben giovò a' reluttanti essere da te assoggettati; affratellando tu i vinti nell'unità del tuo diritto, *urbe* facesti ciò che prima era *orbe;* facesti del mondo una sola città, e furono i popoli più nemici e disformi, mercè tua, cittadini d'un solo comune. E Rutilio era del mezzogiorno gallico; dov'egli tornò, nel 416, accorrendo a' lamenti ed alle ruine del nativo paese, devastato da' Goti, dopo avere di qua dall'Alpi retti magistrati cospicui, fin la carica suprema, nell'adorata Roma, di « praefectus urbi ». Or bene, non un romano, ma uno de' vinti da Roma ne incise in due distici il grande ufficio storico. Un pronipote di barbari, che, quattro secoli innanzi, avevano combattuta Roma, con sì fiera pertinacia, ora le s'inginocchiava innanzi, grato del benefico impero, che di barbaro lo aveva fatto uomo e cittadino.

*
* *

Quale origine avesse l'unità umana formata da Roma, è noto. Dopo la conquista militare, Roma operava una seconda conquista morale, che da mauritani o iberi o celti o rezî o daci tramutava i vinti in romani; e riusciva durevole e feconda, perchè poggiava sul principio dell'associazione. E di così fatto principio e della sua virtù i Romani avevano lucida e piena coscienza. Claudio imperatore, vedendo il senato allo stremo, pensò d'accrescerlo di nuovi membri, ammettendovi maggiorenti di Gallia, già fatti cittadini romani ed aspiranti ora al supremo diritto delle magistrature e delle dignità. Protestò Roma contro il divisamento imperiale: non era l'Italia, si mormorava, a tal punto da non poter dare più senatori alla sua capitale, da stringere ad aver ricorso a' discendenti di que' barbari, che pur ieri avevano decimati gli eserciti romani, assediato Cesare ad Alesia, e più remotamente bruciata Roma. Ma Claudio si difese validamente in senato, dicendo: « Atene e Sparta respinsero gli stranieri: gelose de' lor diritti negarono farne parte a' vinti, e, per quanto possenti, s'esaurirono. Roma seguì sempre altra via; non respinse gli stranieri; ma a sè li attrasse, in sè tradusse quanto avevano di buono e di forte, e crebbe a tanta grandezza. La storia istessa de' maggiori miei m' insegna com' io debba seguire il modo antico. Clauso, capostipite della mia gente, non era già romano; era sabino; e fu accolto insieme e nella cittadinanza romana e nell'ordine de' patrizî. E non solo dal Lazio, ma e dall' Etruria, dalla Lucania, da tutta l'Italia vennero senatori a Roma. Quando avemmo noi pace co' popoli d'oltre Po? Quando lor concedemmo la cittadinanza. E quando con altri popoli? Quando, ovunque spargendo le nostre legioni, accogliemmo sotto il nostro vessillo i migliori di ciascun paese; in guisa che ne rifiorì lo stanco impero ».

Il principio dell'associazione mutava alla grande conquistatrice i nemici di ieri in cittadini, in soldati, in magistrati suoi proprî; assimilando una forza, che altrimenti sarebbe rimasta ostile e pericolosa. Roma così diveniva per i soggetti la vasta patria ideale, che in sè conteneva e assorbiva le patrie native. *Communis patria:* questa la frase tradizionale, da' poeti svolta e ornata, onde salutò Roma un giro sempre più ampio di terre via via, ch'ella estese la sua conquista e largì il suo diritto.

Mi torna a mente il luogo di Tito Livio, dove si narra che Tullo Ostilio, il terzo re di Roma, risolse di tradurre entro al cerchio dell'urbe vittoriosa gli sconfitti Albani, di concedere la cittadinanza alla plebe e un seggio in senato a' primati: risolse « unam urbem unam rempublicam facere ». Tale fu appunto l'intendimento perenne di Roma: fare una sola città, un solo stato di sè e de' vinti. E così venne essa incessantemente cercando e aggregandosi novelli cittadini, con la pace e i trattati o con la guerra; ma quando crebbe e s'allargò la conquista, Roma non potè più trasferire dentro le sue mura i vinti, come ne' primi suoi tempi: non avrebber capito, naturalmente, nel cerchio d'una sola città gli abitatori di sì vaste e lontane regioni. Allora il sistema aggregativo dovè seguitare ad effettuarsi in altro modo: rimasero i soggetti nelle proprie sedi, e fu loro estesa a grado a grado la cittadinanza romana. Non essi dunque si ridussero ormai più, materialmente, a Roma; ma Roma s'allargò ad essi, idealmente.

Associazione pertanto de' vincitori e de' vinti; ossequio di tutti gli abitanti dell'impero ad una sola legge; formazione d'un'unica patria per tante genti diverse ed avverse; dileguo delle nazionalità in un cosmopolitismo civile: tal fu l'ideale di Roma; ideale, che Cesare accoglie dalla tradizione democratica e s'accinge ad attuare; che, a mano a mano, sotto gli eredi del suo pensiero e del suo potere, si tramuta in fatto; finchè Antonino Caracalla concede a tutti i liberi, abitanti nell'impero, il diritto della cittadinanza romana: « in orbe romano qui sunt, ex constitutione imperatoris Antonini, cives romani effecti sunt ». Roma in questa guisa non si ergeva più solamente su le rive del Tevere; ma s'estendeva moralmente a tutto il mondo, abbracciato dal volo delle sue aquile.

Quando si pensa all'impero romano, ben fu notato, sorgono in mente le più truci visioni di conquiste feroci e d'insulti alla pietà. Non è vero. La repubblica fu conquistatrice, perchè formò con la spada il mondo romano: l'impero invece rappresenta l'ordinamento della conquista repubblicana, e il progresso di quella fusione tra le genti soggette, ch'era necessaria, perchè la civiltà greco-latina si compenetrasse all'orbe domato e si facesse eterna, diventando mondiale. L'impero dunque, ben lungi dal significar guerra, volle anzi dire conciliazione di tutti i popoli, avanzamento della civiltà, armonia universale.

Al rompersi di codesta armonia, che sarebbe mai seguíto? La disarmonia selvaggia, il caos etnico e politico, ch'era preesistito alla formazione della società romana. Così un duce romano diceva un giorno a ribelli di Gallia: « anche se scacciaste i Romani (che gli dei lo tolgano!), che altro ne verrebbe, se non guerre fra i popoli? Questa mole del romano impero, compostasi per virtù della fortuna e della disciplina non mai scemata nel corso di ottocento anni, non può ruinare senza trar seco gli autori della rovina sua ». E la profezia s'avvera quando l'impero di Roma s'affievolisce e cade. Il mondo è liberato, novellamente, senza difesa, al gran moto de' popoli, piomba nell'orrore delle alluvioni barbariche, a cui porrà termine Carlomagno, restauratore appunto dell'impero e della civiltà nell'occidente. E a lungo l'ideal dell'impero sorriderà nella fantasia di pensatori, di poeti (basti ricordare l'Alighieri), di politici, come segnacolo di concordia fra i popoli, di pace universale. Dalla disgregazione civile, dal sociale scompiglio de' tempi posteriori si ripenserà all'armonia del monarcato romano, come ad un felice miraggio d'ordine e di giustizia.

***

Anche nella credenza religiosa il mondo romano s'era avviato all'unità. Con le autonomie nazionali erano cadute le nazionali religioni, o s'erano per tal guisa modificate da conciliarsi al culto romano; così che il principio associativo si esplicasse, non solo nelle idee e ne' sentimenti civili; sì anche ne' penetrali della coscienza. E vennero i varî sistemi filosofici, le varie credenze, di mezzo alle persistenti superstizioni volgari, via via concordando in una conclusione suprema: l'esistenza d'un unico dio. La proclamazione del monoteismo era già preparata nella coscienza de' popoli greco-romani; e il cristianesimo sorse a dare concrete forme ad un inquieto presagio della lor civiltà. Ebbe posa in esso lo spirito antico, travagliato dal bisogno d'una fede religiosa, che esprimesse il suo nuovo mondo morale, questo senso, in ispecie, e questo principio d'universalità, in cui le nemiche nazioni eran dileguate. Una sola umana società, un sol dio: una sola patria in terra, una sola in cielo. E il cristianesimo, sanzione religiosa della fraternità mondiale promossa da Roma, trovò più facili le vie della sua fortuna per entro al giro di così vasta comunanza; e la comunanza romana cementò, alla sua volta, ed estese anco fra i barbari.

*
* *

Tanto le genti si mescolano, per effetto della virtù associativa di Roma, che s. Agostino domanda: «chi oramai conosce quali e che cosa fossero le genti, nell'impero romano, se tutti son fatti romani e romani si dicono?» Romani si dicono; e da «Romani», su l'analogia di «Britannia», «Germania», «Hispania», da «Britanni», «Germani», «Hispani», si forma, sinteticamente, fra il popolo, «Romania»; coniazione, che basterebbe da sola ad attestare la viva comune coscienza della profonda assimilazione compiuta dall'impero, la cui forza accentrativa supera la natura stessa, e colloca, al disopra delle originarie divisioni etniche, il grande fatto umano della fusione de' popoli in una nuova e meravigliosa unità mondiale.

Quest'unità sopravvive, in gran parte dell'Europa, all'impero: la Romania non muore. Le invasioni barbariche le infliggono, qua e là, riduzioni, strappi, frastagliamenti; ond'essa perde, a mezzogiorno, l'Africa; a settentrione, la Britannia; come pure le rive del Reno; quasi tutti i territorî, che dalla corona dell'Alpi si protendono alla destra del Danubio; e il maggior tratto del dominio balcanico: ma riman fermo il cuor suo, l'Italia; e reggono insuperate ad ogni assalto, membra fedeli, massimamente la Spagna e la Gallia. Di qui brillano le riscosse della Romania, che, nel nome or dell'una or dell'altra delle nazioni sue, signoreggia continuamente l'Europa, con l'egemonia politica e con quella della coltura; finchè si leva a contenderle il primato la razza germanica; la quale, a ogni modo, è fatta abile a tanto per avere, smessa la barbarie, in sè accolta così gran parte delle forme e degli spiriti della civiltà romana.

Il vincolo fraterno, per cui la Romania ha salda compagine, è soprattutto quello del linguaggio; la cui profonda comunità offre la testimonianza più luminosa e sicura della virtù sovrana, ch'ebbe Roma conquistatrice di assimilarsi e romanizzare i soggetti. Già si vide come Plinio, nello slancio del suo inno in prosa, adombrasse la suprema importanza, ch'ebbe il diffondersi del latino per la distesa dell'impero, come organo e tramite dell'umano affratellamento. Una sola patria vuole altresì dire una sola civiltà, una sola letteratura, una lingua sola. Anche s. Agostino avverte che la differenza de' linguaggi impedisce la società degli uomini, e che provvida fu Roma a imporre, col suo giogo, pur la sua favella, così che gli uomini, nell'uso della stessa parola, s'accostassero e avesser pace. Tranne il greco, rimasto invitto, non senza sforzo tuttavia di tenaci difese; invitto come la coscienza del popolo, che lo parlava, fiero della dominatrice sua civiltà; ogni altro idioma nazionale cedette, nell'ambito immenso della Romania, a quello de' conquistatori. Imponeva Roma il suo linguaggio, e ben lo nota s. Agostino: essa, ad esempio, non tollerava ne' rapporti ufficiali, e da parte di chi reggesse qualsiasi forma di magistrato, l'uso d'altra lingua che il latino non fosse; ma intervenivano poi le necessità più svariate e più efficaci a indurre i popoli soggetti a valersi della lingua di Roma. In qual altro modo avrebbero conosciute le leggi, che li riguardavano, e discussi i lor proprî interessi? E ciò tanto meglio se il barbaro otteneva d'esser fatto cittadino romano: per compiere doveri ed esercitare diritti aveva immediato bisogno di farsi romano anche nel linguaggio. La conquista mutava l'indole e i costumi de' soggetti: li forzava alla pace ed al lavoro; ma, in qualunque forma di negozî o d'industrie, in qualunque cura, nelle città e ne' campi, con le nuove cose s'imponevano le nuove parole. E nella propria casa, nell'intimità ascosa de' suoi affetti, il barbaro non avrà trovato un angolo oscuro e fido, ove proteggere questo simbolo moribondo della sua nazionalità, la sua povera lingua, già sonante nelle libere concioni degli avi, ne' canti guerreschi su' campi di battaglia? Qui pure penetrava, a poco a poco, l'influenza romana. Accanto alle vecchie e agresti città barbariche sorgevano città nuove affatto, colonie romane; a' centri dell'antica vita sostituivansi quelli della nuova, superbi di fori, di templi, d'anfiteatri, di scuole. Presso a codesti edificî, attestanti il trionfo della civiltà conquistatrice, il barbaro non poteva piantare l'umile casa di tavole e di canne, dov'era tuttavia fiorita la libertà de' suoi padri. Anche la casa si trasformò, e con essa gli elementi del linguaggio, che la riguardavano. E poichè l'agricoltura, per tanta parte, derivava da Roma, pur nel silenzio de' campi irrompeva la forza irresistibile della parola, che tramutava, rinnovellava. S'aggiunse finalmente il cristianesimo a render dolce a' cuori il suono, che aveva significato impero, piegandolo a' sensi dell'amore e del perdono.

Insomma tale fu l'opera di Roma, che degli idiomi preesistenti alla conquista a mala pena si rintracciano i vestigî; e sentiamo invece, da un capo all'altro della Romania, riecheggiare le varietà del medesimo linguaggio, che nella grammatica e nel lessico ha le impronte eterne dell'origine latina; sentiamo anzi talora quasi identici suoni su le bocche di popoli nativamente diversissimi: per le calli di Madrid, per le calli di Venezia (notava una volta argutamente l'Ascoli) ripetere iberi e veneti, affratellati da Roma, *a ti solo te lo digo.*

*
* *

Il latino si diffuse, per entro all'impero, nelle sue varietà di lingua scritta e di lingua parlata. Si diffuse tutto il latino, non quello solo, che noi conosciamo da' lessici più comunemente consultati, il latino degli autori e delle scuole, il latino classico: anzi, in più larga e popolar misura, si diffuse il latino non classico, quello, che sonava su le labbra de' parlanti; vario secondo gli ordini sociali, il grado della coltura, i luoghi, i tempi, nell'evolversi continuo, ch'è proprio d'ogni organismo vivo. Poichè del latino avvenne ciò che d'ogni linguaggio, in cui si svolgano forme letterarie; avvenne quella selezione aristocratica della parola nazionale, che la riflessa opera degli scrittori necessariamente produce. Anche il latino svariava nelle più delicate sfumature: Cicerone, per esempio, e lo avverte egli stesso, persuaso di dover accomodare la scelta de' vocaboli alla diversità de' generi e dello stile, non adoperava nelle lettere familiari quella medesima lingua, che serviva tanto bene a' fulmini della sua eloquenza politica e forense. Così nell'italiano de' dì nostri, checchè volesse il manzonismo esagerato: l'italiano, verbigrazia, di Giosue Carducci, poeta e prosatore, non era identico a quello del Carducci alla buona, d'ogni giorno, ne' rapporti semplici della vita comune. Vediamo perciò come « lingua latina », in un senso ristretto e specifico, indicasse per sè la lingua letteraria; mentre si soleva dire « sermo vulgaris » il discorrere appunto del volgo, nel quale anche pare che si distinguessero, con espressioni consimili, le varietà del volgar cittadino, del volgare campagnuolo, del volgar de' soldati.

Non solo; ma ponevansi talora, l'una di contro all'altra, la voce latina, ossia letteraria, e la voce volgare, rispettivamente notando « latine dicitur », « vulgo dicitur ». A tal proposito, ricorderò il documento più esplicito e diretto, che riconfermi e lumeggi una cotal distinzione: la così detta « appendix Probi », de' tempi dell'impero, forse del secolo III di Cristo; nella quale un pedante, atterrito dal progredire insolente della parola volgare a danno della parola classica, insegna agl'ignoranti un po' di latino, in ancor tanto piena latinità; insegna che s'ha a dire *vetulus non veclus, columna non colomna, calida non calda, auris non oricla, oculus non oclus*, e così via: dove anche il profano scorge nella voce reietta la base di quella, che sarà poi neolatina; e, se italiano, a *veclu-, colomna, oricla, oclu-* facilmente associa, nella lingua sua, *vecchio, colonna, orecchia, occhio;* lasciando anzi da parte *calda* per *calida,* che italiano gli pare già perfettamente.

* * *

La stessa contrapposizione del latino, nel senso di lingua letteraria, e del volgare, si continua tal e quale, dopo la caduta dell'impero, per entro al medioevo. Appar chiaro anche qui che, in complesso, il mondo tirò avanti su le stesse vie, per quanto l'occidente avesse tralasciato di eleggersi un imperatore. La lingua del volgo è ora detta «romana», «romana rustica», «romana vulgariter lingua».

Infatti, come «romani» si dissero i popoli della Romania, «romano» si disse, per gran tratto di tempo, nell'età medievale, il linguaggio volgare di ciascun d'essi: «romano» o, secondo una forma derivata, «romanzo». Nè l'uso vivo di cotal designazione è cessato interamente nemmen ora: *romînă* è la lingua de' fratelli nostri d'oriente, rimasti insuperabilmente romani; *rumonsch* («romancio») è il volgar neolatino de' Grigioni; *romance* in Ispagna ed in Portogallo seguita a indicare l'idioma rispettivo. In Francia *romans* ebbe poi singolare fortuna, quando la parola fu applicata, oltre che al linguaggio popolare, alle cose scritte nel linguaggio stesso. *Romans* dissersi i libri scritti nel volgare locale, in francese, tradotti dal latino, od originali, qualunque ne fosse il soggetto; ma poichè in Francia ebbe rigoglioso fiorimento la letteratura narrativa, via via parve che fosse *romans* per eccellenza il racconto, che più allettava, il racconto fantastico, avventuroso, amoroso; onde un tal nome si fissò già dal medioevo a così fatta materia; il nome, che dura e piace e attrae tanta moltitudine di lettori anche a' dì nostri, «romanzo».

Codesti volgari romani o romanzi, ne' quali si venne svolgendo il «sermo vulgaris» de' tempi dell'impero; variamente svolgendo, secondo i luoghi (e da che siffatta varietà dialettale dipendesse ancora sfugge alla ricerca); codesti volgari, dicevo, a mano a mano si fecero organi di particolari letterature: e furono le letterature volgari, romane o romanze, per non citare se non le maggiori, della Francia, della Provenza, della Spagna, del Portogallo, dell'Italia.

Al prodursi delle nuove letterature contribuì, fin dalla origine, la chiesa, la quale, nel tempo stesso che fu benemerita custode dell'antico sapere e dell'antica letteratura, provò la necessità di scendere al popolo, predicando le dottrine religiose ne' suoi stessi volgari, per essere meglio compresa e seguíta. Già i predicatori cristiani de' tempi imperiali avevano professato il principio, formulato da s. Agostino, che alla purezza letteraria giovasse, per i fini della predicazione stessa, preferire la loquela volgare. Si stabiliva così una lunga tradizione, che mise capo a deliberazioni conciliari e ad un capitolare imperiale, nell'813, l'anno precedente alla morte di Carlomagno; in cui si prescrisse a' vescovi di tradurre le omelie, secondo il dialetto delle loro plebi, dal latino in « rusticam romanam linguam aut theotiscam », in romano od in tedesco: e infatti di popolazioni romane e tedesche era insieme costituito il grande impero carolingio. E sono, in genere, di soggetto religioso i più antichi monumenti, a noi pervenuti, delle letterature ne' volgari romani o romanzi.

Parallelamente, la letteratura latina non s'interrompe al cadere dell'impero antico, su lo scorcio del secolo V: essa continua; e il latino, la lingua letteraria, riman sempre agli usi ufficiali e solenni della chiesa, dello stato, della coltura. La Romania medievale, oltre al parallelismo della lingua letteraria e del volgare, presenta quest'altro delle due letterature: la letteratura latina, universale, ombra della primitiva mondiale unità romana nel pensiero e nella parola, e le letterature volgari; nelle quali si rispecchiano le novelle condizioni, politiche e morali, fatte alla Romania dalla caduta dell'impero, dalle occupazioni barbariche e dal cristianesimo, e il conseguente determinarsi delle coscienze nazionali, se non anche puramente regionali, municipali; tanto s'è sminuzzata l'antica unità romana. Anzi così cresce il sentimento delle nazionalità, comprese nella Romania, che, dentro lo stesso medioevo, si viene abbandonando l'uso delle designazioni universali « lingua romana o romanza », cui sostituiconsi i nomi nazionali: già nel secolo XIV, per esempio, di là dalle Alpi la denominazione *françois* piglia il sopravvento, e *romans* cade in disuso. È il secolo stesso, in che, fra noi, Dante si serve, a denotare il volgar nostro, anche del nazionale battesimo di « volgare italico », « italica lingua ». E sopravvive senza contrasto il termine generale in quelle parti della Romania, dove una nazionalità non s'è formata o fu potuta formare assai tardi: lungo la corona dell'Alpi, sonante del *rumonsch,* « romancio », de' Grigioni, o del *ladin,* « latino », dell'Engadina, del Trentino, dell'alto bellunese; e sul Danubio, ove e la terra de' romani d'oriente ed il loro idioma conservano, ne' nomi, l'originaria impronta universale: *România* e *limbă română.*

*
* *

Il progredire e accentuarsi delle nazionalità romane non attenua però la forza della tradizione latina: il medioevo stesso, dall'intimo del suo svolgimento civile, prepara la rinascenza, il ritorno amoroso, entusiastico all'antichità classica; onde un rinnovellarsi della letteratura latina, un riviver quasi nello splendore di età magicamente rievocate, sul tramontare della repubblica e al cominciar dell'impero, a' tempi avventurati di Cicerone, di Virgilio, d'Orazio. E ne parvero, su le prime, come sopraffatte le letterature volgari e nazionali; che tuttavia, più tardi, raggiarono di luce nuova, affinate dal magistero squisito dell'arte greca e latina: così ardite anzi da porsi in gara di dignità e di bellezza con quell'arte da suscitare perfino questione se valesser più la lingua e la letteratura di Roma classica o le lingue e le letterature volgari.

Ora, vien fatto di pensare, che a codesta duplicità, non senza gara e antagonismo, della letteratura latina, perpetuantesi attraverso i secoli, e delle letterature volgari, corrisponde la duplicità, non senza conflitti, dell'impero, perpetuantesi anch'esso, dopo la restaurazione carolingia, e degli stati nazionali; dell'antica Romania unitaria e delle nuove Romanie separatiste.

L'impero da Carlomagno ripristinato, e continuatosi, qualunque ne fossero l'estensione e la forma, entro al medioevo; ravvivato e ricomposto, in capo alla rinascenza, da un altro Carlo, Carlo V, e protrattosi, come che sia, fino alla rivoluzione francese ed a Napoleone, che di esso impero soppresse il nome tradizionale, ma rinnovellò l'essenza e l'idea, rispecchia la immanente coscienza unitaria della civiltà romana. Anche la stirpe germanica, anticamente avversa, per quanto, nel senso materiale, conquistatrice, fu attratta, dalla doppia virtù politica e religiosa di Roma, nell'orbita della romana civiltà. Così tutto l'occidente, romano e germanico, sentì sempre l'intima forza della tradizione unitaria imperiale; anzi talora la necessità della sua coesione e cooperazione. D'altra parte, costantemente repugnarono alla vita in comune le nazionalità a mano a mano sempre più di sè conscie e indipendenti, sempre più gelose della lor libertà; per modo che riuscisse effimero, da Carlomagno a Carlo V, da Carlo V a Napoleone, il risorgimento dell'impero. Parimente non avvenne alla letteratura latina di deprimere e soffocare le letterature volgari, neppure nella sua rifioritura meravigliosa, al tempo della rinascenza. Trionfarono anzi le letterature volgari e nazionali, come trionfò l'assetto nazionale dell' Europa.

.˙.

La gloria letteraria sfolgoreggia più intensa a' linguaggi romani dov'è il centro della romanità: in Italia, in Francia, in Ispagna. A' confini, sul Danubio e su le Alpi, già molto è che, nell'urto di così nemiche influenze, si sieno pertinacemente serbate romane l'anima e la favella. Vivace è però sul Danubio il fermento d'una letteratura nuova, che in sè riflette la nuova storia della nazione ridonata a se stessa, alla coscienza delle sue origini, alla fede nell'avvenire. E come fu ricca, a ogni modo, sempre, d'una secreta poesia, fluente negl'imi strati popolari, codesta lontana patria di fratelli, ricordevoli ognora di Roma, nel nome stesso, nelle tradizioni, nell'amore! Così, nella letteratura delle genti ladine, frammentariamente distese dalle fonti del Reno all'Adriatico, il fiore più caro alle simpatie del mondo è la lirica inesausta, in cui s'espande, tra sorrisi e lagrime, il cuore del popolo friulano.

Ma dove la romanità s'allarga incontrastata, ben altro proruppe dall'anima nazionale, che la *doina* o la *villotta*. Le nostre letterature conquistarono alla Romania, un'altra volta, l'universo, come le armi un tempo. E c'è egli bisogno ch'io rammenti la signoria letteraria della Provenza e della Francia sul medioevo europeo, dall' Inghilterra alla Grecia: signoria nella lirica, affinatrice della parola e dello spirito, sotto la disciplina della coscienza artistica e dell'ideale cavalleresco; signoria nell'epopea, nel romanzo, nel qual ultimo anticipò la Francia, di più secoli, le sue moderne dittature; signoria, che non cessa e s' estingue se non dopo avere incitata e preparata l' Italia alla sua nuova grandezza, vertiginosa, insuperabile, nella *Comedia* dantesca? Ecco dunque l'ora dell' Italia: essa riprende l'antico seggio; e ridà, per tornar a dire con Plinio, « humanitatem homini »; ravvivando il senso del valore, che la vita ha in sè, il culto della bellezza, la ricerca del vero, secondo la serenità e la libertà dello spirito pagano.

Non pare più colpa la gioia, più vanità la gloria, più arroganza il sapere: è la rinascita; e ne sono araldi, per quanto ancora sospesi tra l'umanesimo, che li seduce, e l'ascetismo, che li riafferra, il Petrarca e il Boccaccio. Il medioevo si spegne: le sue fantasie non allettano più, se non le vesta di classiche forme l'Ariosto; e si dissolvono nel riso scettico dell'età, che seguita ad amare la poesia, ma instaura la critica. Poesia e critica, sogno e realtà: il dissidio s'aggiusta, si placa nello spirito dell'Ariosto; s'acuisce e spasima in quello del Tasso. L'allegra rinascenza italiana, che di sè illumina il *Furioso,* si chiude nella tristezza, che pervade la *Gerusalemme.* Sennonchè la rinascenza italiana s' è ormai fatta europea; ed altre due grandi nazioni romane, Spagna e Francia, raccolgono l'egemonia, che l' Italia abbandona.

Tanto è italiano il risorgimento degli studî classici, che, fra gli stranieri, italianismo e classicismo coincidono e si confondono. Quegli stesso, poniamo, che traduce il *Decamerón,* traduce Aristotele e Cicerone. L'umanesimo europeo prosegue quasi dello stesso culto i classici grecolatini e gl' italiani: Dante, il Petrarca, il Boccaccio; ma codesto culto, e l' imitare e il tradurre, che ne conseguono, non inaridiscono l' ingegno nazionale: tutt'altro:

Spagna e Francia procedono anch'esse, per così fatte prove, ringagliardite, rinnovellate, verso il meriggio della lor gloria letteraria; verso il Cervantes e Lope de Vega e il Calderon, l'una; verso il La Fontaine, il Corneille, il Racine, il Molière, l'altra. Noi decadiamo: esse trionfano; ma é pur sempre, anche questo, un trionfo magnifico del romanesimo.

Noi romani tuttavia non siamo così esclusivi e fanatici, da pretendere, per esempio, che lo Shakespeare non fosse inglese; come altri presunse, se mal non m'appongo, che Dante fosse tedesco. Lo Shakespeare visse contemporaneo al Cervantes e a Lope: il genio dunque, tra il secolo XVI e il XVII, non privilegiava solamente le terre de' romani. Irrompe anch'essa, fulminea, la stirpe germanica, rappresentata dal sangue anglosassone, nella letteratura mondiale: con un'apparizione prodigiosa improvvisa la sua gloria; e Dante medesimo sembra impallidire. Per verità, se ci velasse il giudizio una specie di daltonismo romano, potremmo tentar di contare nelle vene dello Shakespeare i globuli normanno-francesi: ed anche potremmo ricordare le influenze lunghe, efficaci, della lingua e della letteratura di Francia, dopo la conquista normanna e fino al secolo XIV, su la lingua e su la coltura de' vinti anglosassoni; e quanto lo stesso Chaucer, all'aprirsi della letteratura schiettamente inglese, attingesse a fonti romane; e il precedente immediato del favore, onde accolse l' Inghilterra la novella e la commedia importate d' Italia, e il contributo, che ne venne, a preparare il teatro inglese. Ma noi siamo sereni; e al genio chiniamo la fronte, da qualunque plaga mandi fulgori e fiamme; nè ce lo vogliamo a forza appropriare, contenti dell'eclettismo ereditato da' latini, per cui s'onora lo straniero e si trae dalla sua virtù qualche cosa, che valga a farci migliori.

*
* *

Anche il secolo XVIII è signoreggiato dallo spirito romano della Francia: preparano l'89 il Voltaire, con la ragione; il Rousseau, col sentimento. E il secolo XIX, il secolo di Victor Hugo, non è pieno, per gran parte, del romanticismo francese? E nel romanticismo fremebondo del Foscolo, desolato del Leopardi, fidente del Manzoni, non si ritempra e rinnova la letteratura italiana? Ma non più alla Romania sola apparteneva ormai la direzione spirituale del mondo: ribelle a Roma ancora, aveva la stirpe germanica rivendicata, con la riforma, la libertà della coscienza e della ragione; ed alla sovranità letteraria della Francia avevano i Tedeschi reagito dalla metà del secolo XVIII: il romanticismo stesso erasi prima irradiato dalla rinata energia del loro sentimento nazionale. E in sè olimpicamente impersonava la trionfale ascesa della nuova Germania Volfango Goethe.

È sfuggito per sempre alla Romania l'universale impero? « Triste favola suona », così il Carducci, « e bocche non cuori anche tra noi la ripetono, che narra lo scadimento e la oscurazione delle stirpi latine. Oh, noi non vogliamo nè spegnerci nè imputridire ». E altrove: « .... l'elemento germanico dopo Sadowa e Sédan tende naturalmente a dilagare; intende forse a sopraffare. E, per non esser sopraffatta (chè d'esser sopraffatto non può contentarsi se non chi ha l'anima di montone), la razza latina ha bisogno di raccogliersi e ritemperarsi ». Ma chi sa? Forse oggi il mondo s'avvia verso una mescolanza di genti, verso una fusione etnica, pari a quella della Romania antica. Dilegueranno forse le nazioni in un eclettismo mondiale, dove recherà ciascuna il contributo delle native attitudini alla novella « romana pax », che sarà allora sì, veramente, « humana pax ». Si compirebbe così, entro una ben più vasta comunità fraterna, l'alto sogno di Roma.

NOTE

Pag. 3, l. 3. Su Galla Placidia, e le fonti, cui attingere, v. specialmente Hodgkin, *Italy and her invaders,* I, ii, 817 sgg. Per le nozze di Placidia e d'Ataulfo, cfr. i frammenti d'Olimpiodoro, nella collezione Didot de' frammenti di storici greci, IV, 62, 24. Gioverà, al lettore italiano, anche il vol. del Villari su *Le invasioni barbariche in Italia,* Milano, Hoepli, 1901 (v. nell'ind. alfabetico, s. *Galla Placidia*).

Pag. 4, l. 24. Circa i giovanili intenti di Ataulfo, cfr. Pauli Orosii *Historiar.* VII, 43.

Pag. 5, l. 13. Su *Románia* ecc., cfr. G. Paris, *Romani, Romania* ecc., nella *Romania,* I, 1-22; ed ora ne' *Mélanges linguistiques* dello stesso a., postumi, pubbl. dalla *Société amicale G. Paris,* Paris, 1905, I, 3-31. V. pure V. Crescini, *Origine della lingua ital.,* di prossima pubblicaz., presso R. Giusti, Livorno, pp. 7-8. Sul valore, che ha *Románia* in Italia, sarebbe necessaria una ricerca piena e metodica: v. intanto G. Calligaris, *Sul significato della parola « romanus » in Paolo Diacono, Atti r. Accad. di Torino,* XXXVI, 283 sgg. Qui mi basti rammentare dalla *Domus Carolingicae Genealogia:* « Hludovicus rex Italiae et *Romaniae* » (cfr. G. Paris, nella *Romania,* I, 15, n. 5; e *Mélanges* cit., p. 22, n. 2). V. la *Genealogia* presso Pertz, *Mon. Germ. Hist., SS.,* II, 314. Ancora: « ... in Anagnia, civitate Campaniae, quae *Romaniam* dividit et Apuliam »: Herbordi *Vita Ottonis ep. Babenb.*, lib. I, Pertz, *SS.*, XII, 754, 38. Cfr. ivi, pp. 830, 38; 832, 33-4. Così: Pertz, *SS.*, IV, 683-4, nella Adalboldi *Vita Heinrici II. imp.*: « Millesimo secundo anno ab incarnatione Domini, indictione 15. Otto tertius imperator augustus, Paternae, quod est castellum *Romaniae*, moritur... ». Cfr. ivi, VI, 646, 37-8, *Annalista Saxo*: « ... et Paterne, quod est castellum *Romanie*,... infirmatur ». Presso l'annalista stesso, ivi, VI, 773, 42-4: « Sic ergo per *Romaniam* intrantes Campaniam, aditum montis Cassini dux obsedit et ad dedicionem compulit ». Il fatto è ascritto all'anno 1137: e il *dux* è il duca di Baviera, mandato dall'imperatore. E qui e nelle testimonianze precedenti *Romania* è il territorio circostante a Roma. Le altre identificazioni, che si troveranno rammentate a p. 8, sono più ovvie e conosciute.

Pag. 6, l. 2. Il distico di Venanzio Fortunato,

Hinc cui Barbaries, illinc Romania plaudit,
diversis linguis laus sonat una viri,

è nel carme *de Chariberto rege*, vv. 7-8; l. VI, ii, delle *opera poetica* di lui (*Mon. Germ. Hist.*, *Auctor. Antiquissimor.*, IV, i, p. 131).

Pag. 8, l. 8. V. sopra n. a p. 5, l. 13.

Pag. 10, l. 8. *Aeneidos* I, 286-96; VI, 847-53.

Pag. 10, l. 16. Petrarca, *Epist.*, L. III, xxiiii:

Salve, chara Deo, tellus sanctissima, salve,
tellus tuta bonis, tellus metuenda superbis....

Cito dalla ediz. di Basilea, 1541, contenente Francisci Petrarchae... *poemata omnia* (Bucolicor. aegl. XII; Africae l. IX; Epistolar. l. III).

Pag. 10, l. 20. Flavii Vopisci *Probus*, c. 20.

Pag. 11, l. 7. *Naturalis historia*, III, 5.

Pag. 12, l. 10. Cl. Claudiani *de consulatu Stilichonis,* III, 150 sgg. (*Mon. Germ. Histor., Auctor. Antiquissimor.,* X, p. 226).

Pag. 12, l. 20. Aur. Prudentii *contra Symmachum,* II, 585 sgg.

Pag. 13, l. 7. *De reditu,* I, 63-6. Cfr. N. Tamassia, *L'agonia di Roma,* Pisa, 1894, pp. 33-5; C. Pascal, *Dèi e diavoli, saggi sul paganesimo morente,* Firenze, 1904, pp. 123 sgg.; e cfr. pure mia cit. *Orig. della lingua ital.,* pp. 6-7.

Pag. 14, l. 16. V. negli *Annales* di Tacito, XI, 24.

Pag. 15, l. 10. Cfr. T. Livio, I, 28.

Pag. 16, l. 6. Ulpiano, ne' *Digesta,* I, v, 17.

Pag. 16, l. 12. V. Am. Thierry, *Tableau de l'empire romain,* Paris, 1865, p. 181.

Pag. 16, l. 27. V. presso Tacito, *Hist.,* IV, 74.

Pag. 18, l. 6. Di s. Agostino v. *Enarratio in psalmum* LVIII (I, 21).

Pag. 19, l. 16. *De civitate Dei,* XIX, 7.

Pag. 21, l. 5. Ascoli, *Lingue e nazioni,* nel period. *Il Politecnico,* XXI, 1864, pp. 95-6. Cfr. mia cit. *Orig.,* p. 141.

Pag. 21, l. 20. V. le *Epist. ad Familiares,* I, 1; II, 11; IX, 21; e cfr. mia *Orig.,* p. 27.

Pag. 22, l. 8. « Quod *vulgo* dicitur ossum, latine *os* dicitur » (s. Agostino, *Enarrationes in psalmos: enarr. in ps.* CXXXVIII, 20). « *Latine* asilus, *vulgo* tabanus vocatur » (Servii *grammatici... in Verg. carmina commentarii,* ed. Thilo e Hagen, Lipsia, 1887, III, 1,

p. 289). Circa l'equivalenza di lingua latina a lingua letteraria, v. il nostro vecchio Celso Cittadini, *Trattato della vera origine... della nostra lingua,* nel vol. delle *opere di C. Citt. raccolte da G. Gigli,* Roma, 1721, pp. 46 sgg.; e K. Sittl, *Latinitas,* nell'*Archiv für lat. Lexikogr.,* VI, 559. Cfr. mia *Origine,* pp. 31, 69, 73.

Pag. 22, l. 11. L'*appendix Probi* è detta così perchè nel ms. latino 17 della bibl. imper. di Vienna, onde fu tratta, segue all'*ars minor* (o, meglio, *instituta artium*) di Probo grammatico; e perchè ancora in un altro cod., nel 306 di Montpellier, la quarta fra le scritture formanti l'*appendix* si trova espressamente assegnata a Probo Valerio. Cfr. mia *Origine,* p. 78.

Pag. 23, l. 3. Su « romano » e « romanzo », cfr. ancora mia *Origine,* pp. 8 sgg.

Pag. 24, l. 3. *Origine,* pp. 9, 28-9, 32.

Pag. 25, l. 4. Cfr. P. Voelker, *Die Bedeutungsentwickelung des Wortes Roman,* nella *Zeitschrift für roman. Phil.,* X, 489; e mia *Orig.,* pp. 20-2.

Pag. 30, l. 22. V. nel vol. *Prose di G. Carducci,* Bologna, 1905, pp. 429, 767.

Spotted something that isn't quite right?

Let us know and we'll fix it for future reprints.
And as a thank you for your diligence, we'll
send you a free Sothis book of your choice.

publisher@sothis.press

This page intentionally left blank

Made in United States
Orlando, FL
05 November 2026

90231078R00025